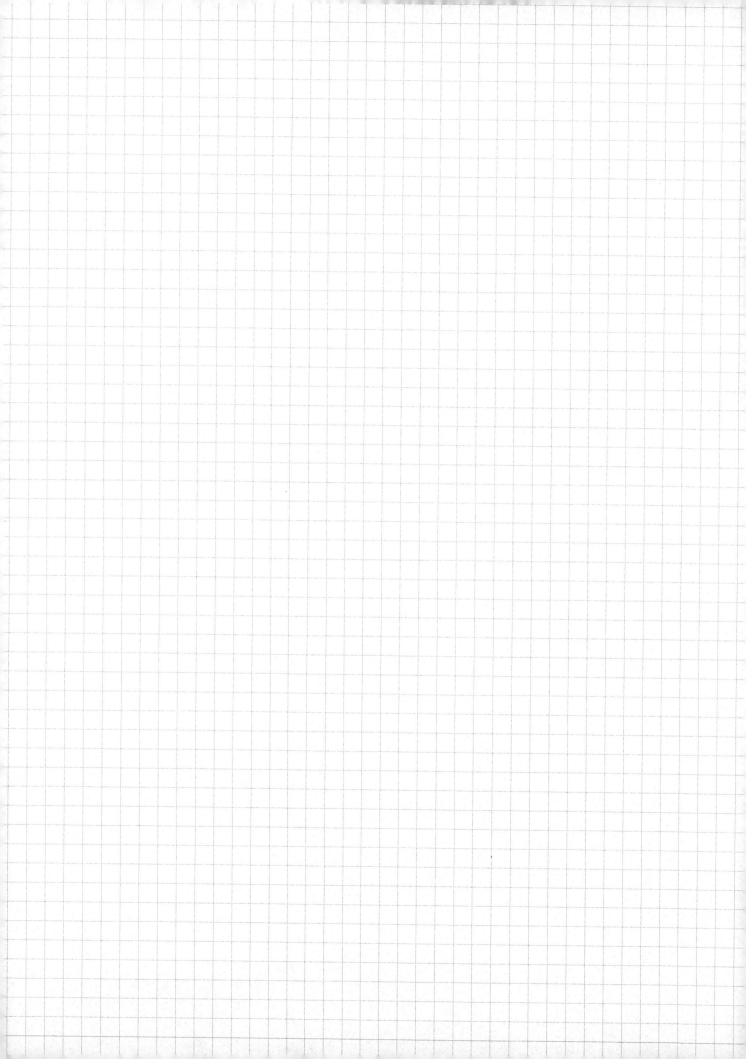

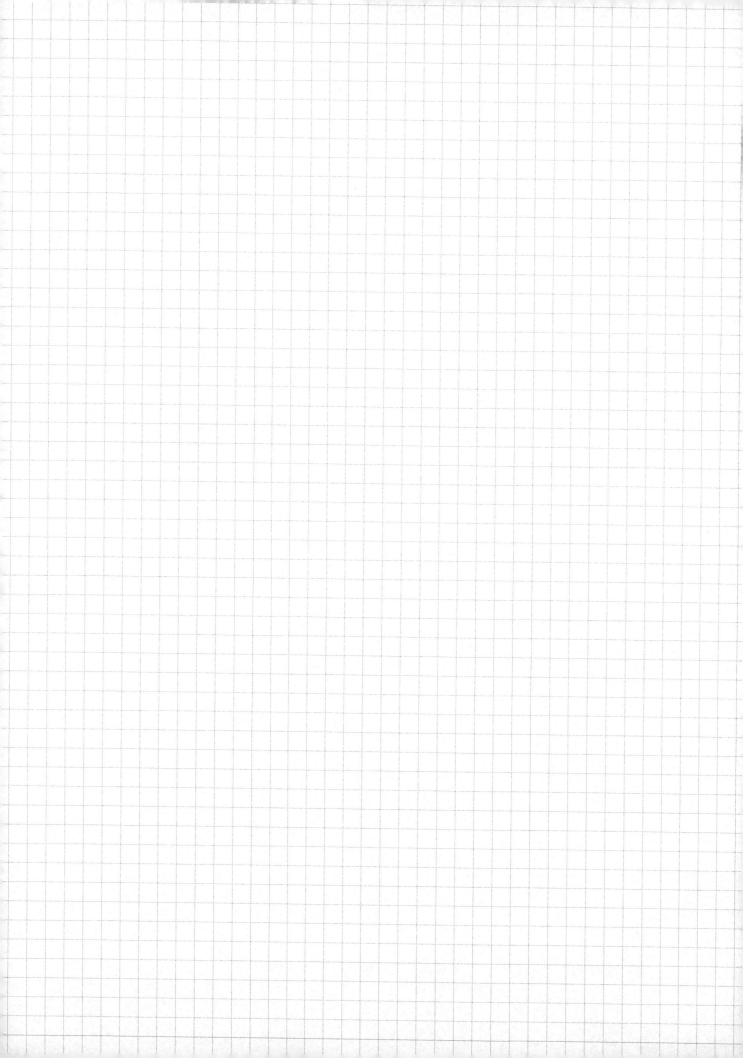

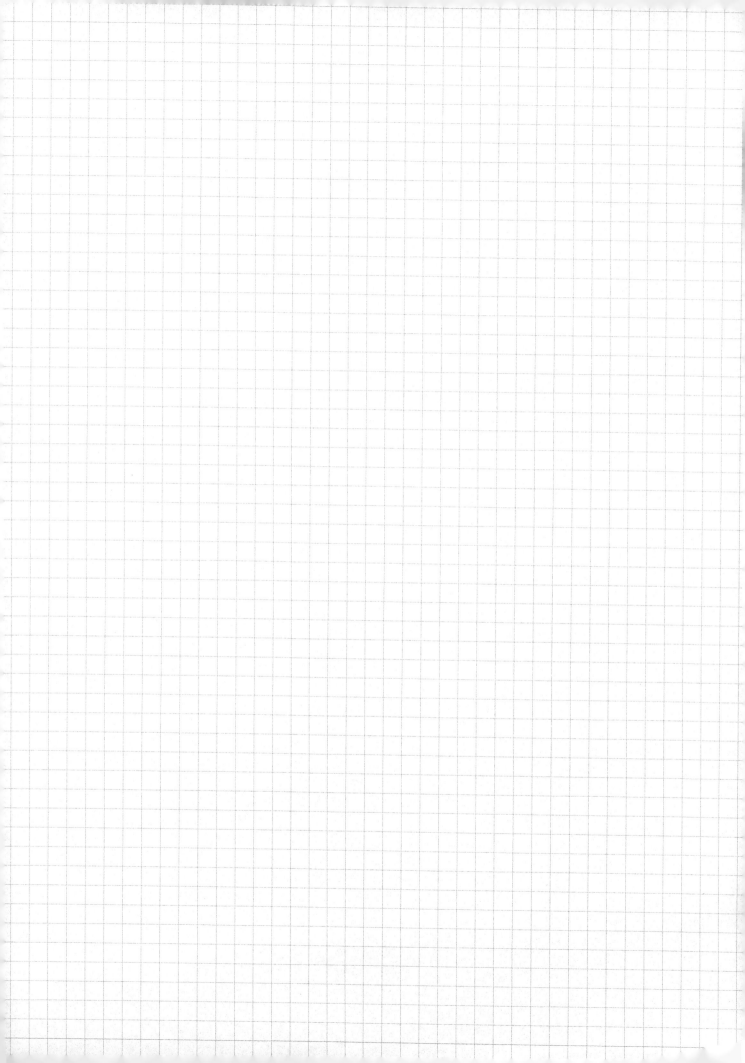

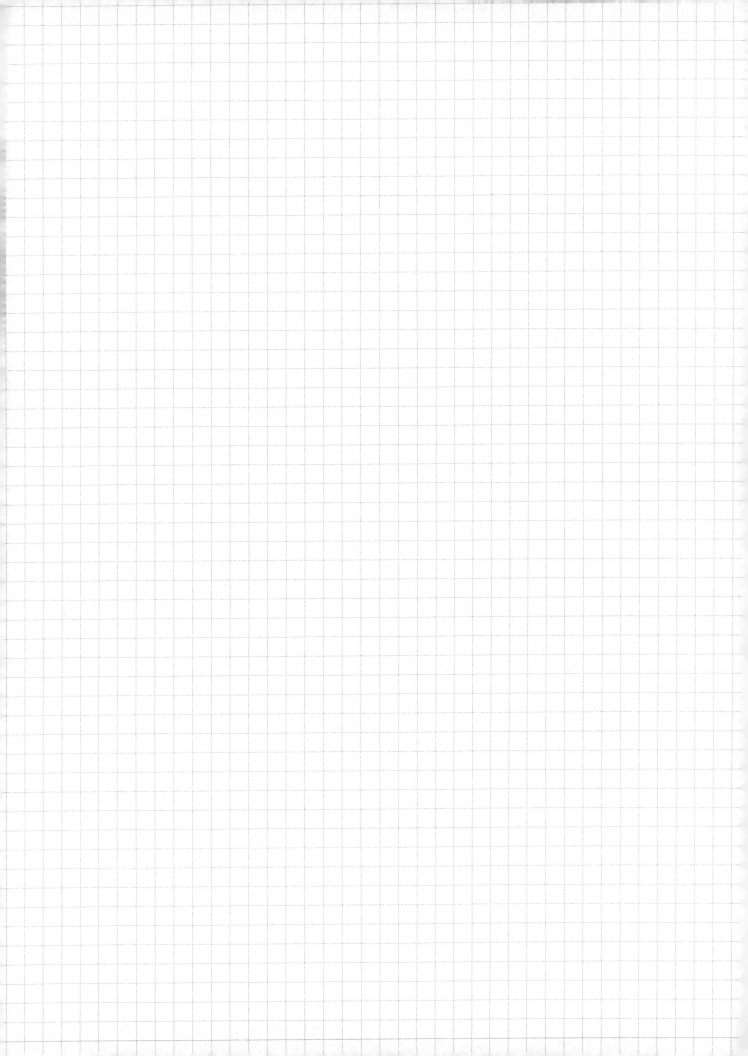

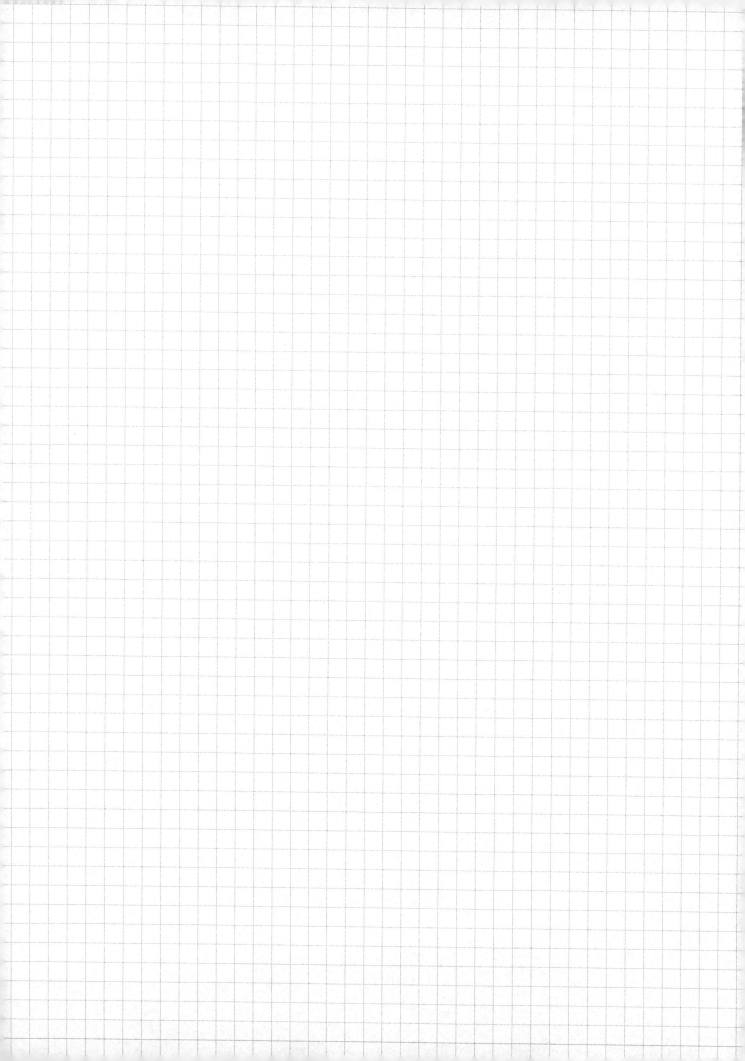

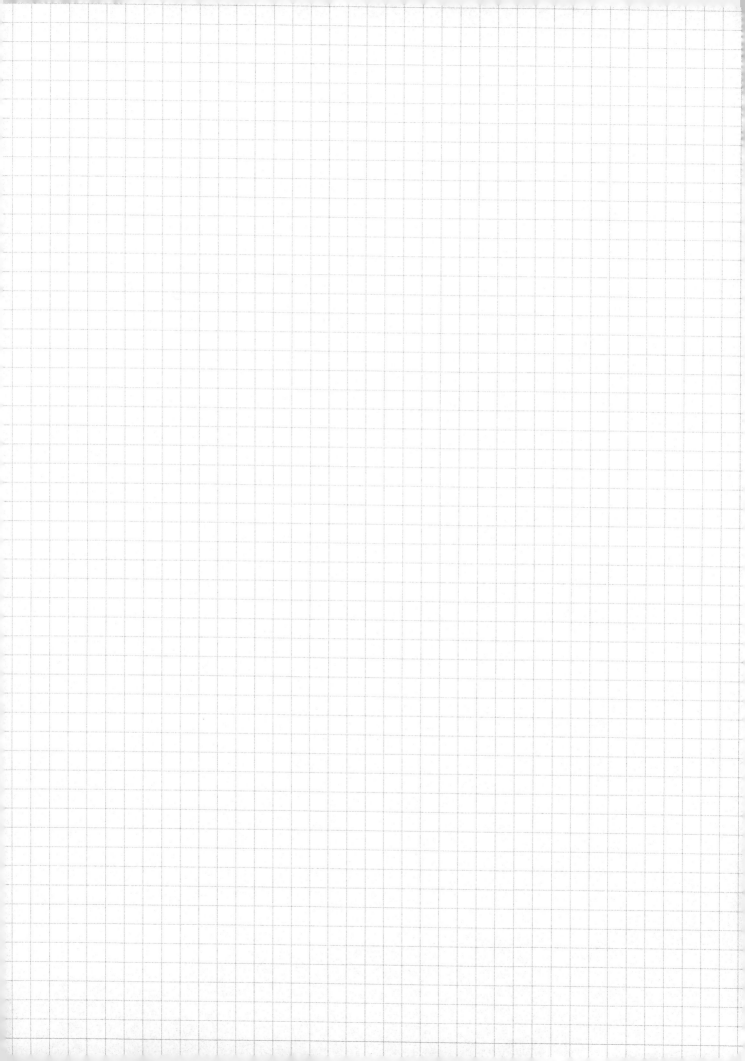

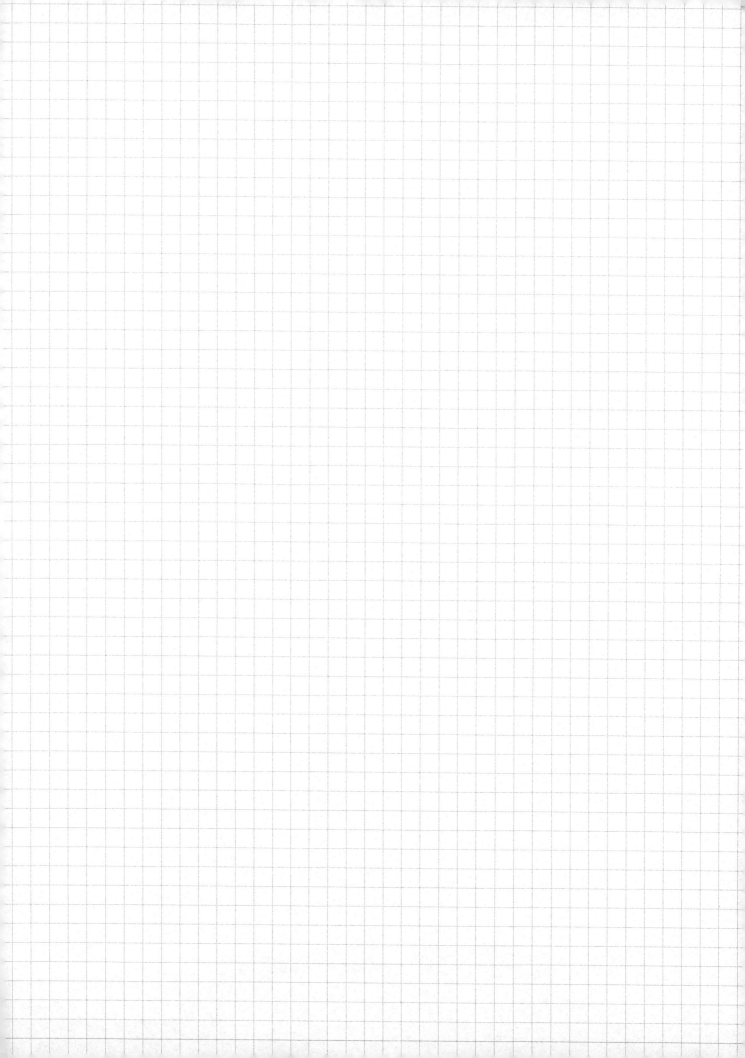

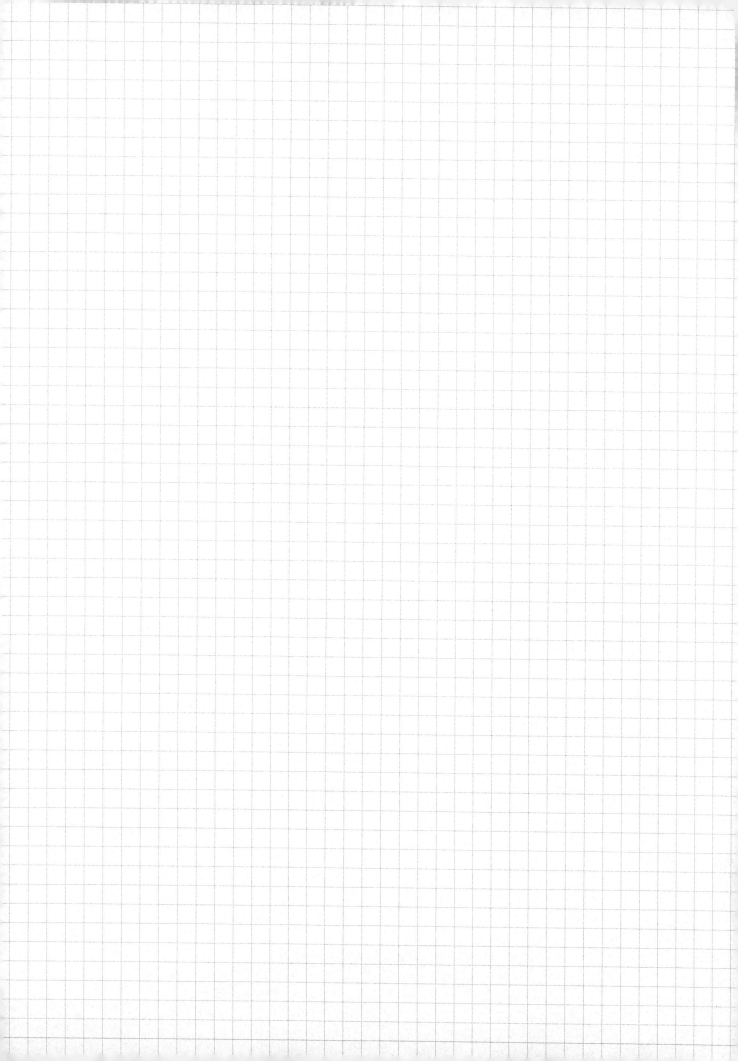

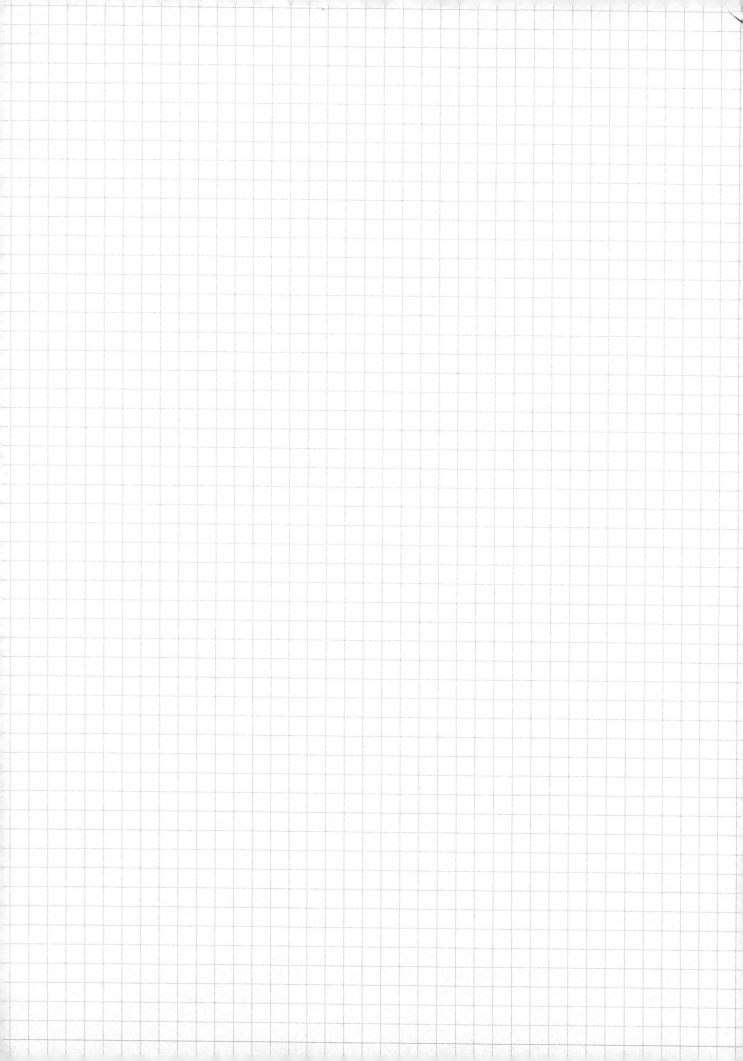

Made in the USA
Monee, IL
24 February 2021

61238184R00063